爱上科学

Science

第 3 辑 03

123456789

My Path to Math

我的数学

数学思维启蒙全书

第3辑

周长 | 多边形 | 面积 | 三维图形

■ [美] 玛丽娜·科恩（Marina Cohen）等　著
阿尔法派工作室　李婷　译

人民邮电出版社
北京

目 录

CONTENTS

周长

多边形

面积

三维图形

周长

探索周长

瓦加斯一家正要搬到新房子里去。马丁和罗蒙共享一个大房间，他们想知道自己的房间有多大。

罗蒙拿了一卷绳子，沿着他们新房间的边缘把绳子拉开。他们正在测量房间的**周长**。周长是封闭图形一周的长度。

拓展

把回形针首尾相连，环绕这本书的封面。测量这本书的周长需要多少枚回形针？

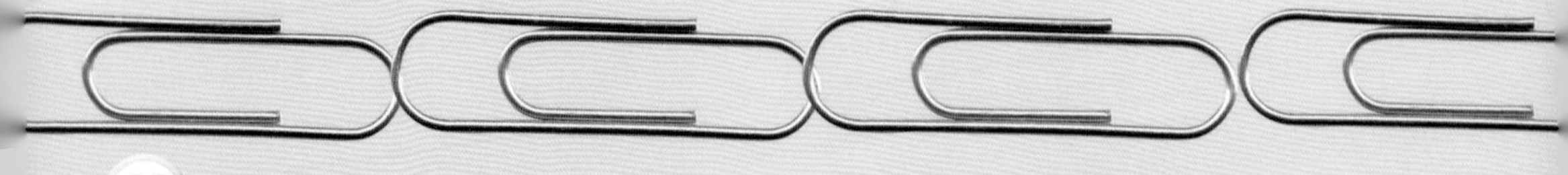

瓦加斯家的新房子比他们的旧房子大。他们现在有更多的空间了。

使用物品来测量周长

卡里希望她最喜欢的地毯的大小适合她的新房间。她决定用她的脚来测量她的新房间的周长。之后，她将会测量她的地毯的周长，并比较二者的大小。

她用脚跟接着脚趾的方式沿着房间的一面墙走：她数了16个脚长。她拐了弯，并且开始沿着下一面墙走。卡里发现沿着她的新房间边缘走一圈可以数出70个脚长。

拓展

在你待着的房间里选择一个可放在地上测量的物品。用你的脚来测量环绕这个物品一周的距离。当你测量周长的时候，你数出多少个脚长？

卡里使用脚跟接着脚趾的方式测量出了许多物品的周长。

卡里回到了她家的旧房子。她用她的脚测量了她卧室的地毯的周长。

卡里发现环绕她的地毯走一圈需要走大约50个脚长。

她的新房间的周长大约是70个脚长。地毯的周长大约是50个脚长。她的地毯的大小有可能适合她的新房间吗？

结论是可能的，只要地毯的形状不是细长条的，那么它很有可能适合卡里的新房间，因为房间的周长大于地毯的周长。

使用网格来测量周长

新房子的后院有一个游泳池。罗蒙和马丁看到游泳池安全防护盖布的表面有一层**网格**。右图中的网格是由直线将平面均等地分成若干小**正方形**。罗蒙说如果他们在绕游泳池走的时候数数一路上经过的正方形的个数，他们将会得知游泳池的周长。

1 2 3 4 5 6 7……

拓展

看看上面的网格，利用它来算出游泳池的周长。瓦加斯家游泳池的周长是多少？

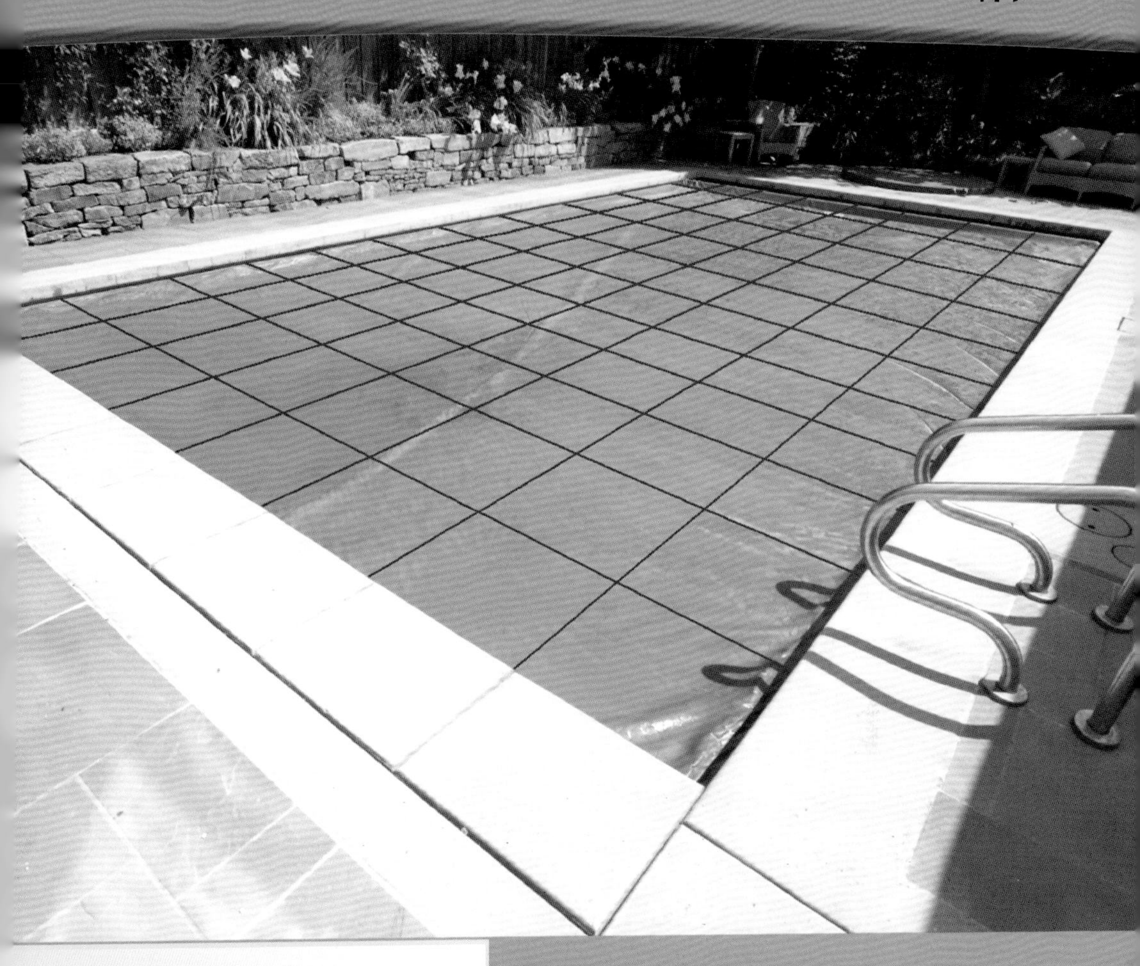

游泳池盖布表面的网格可以被用来测量游泳池的周长。

估计周长

罗蒙和妈妈一起规划家里的新花园，妈妈帮助罗蒙在网格纸上画下新花圃的形状。

瓦加斯家的花圃

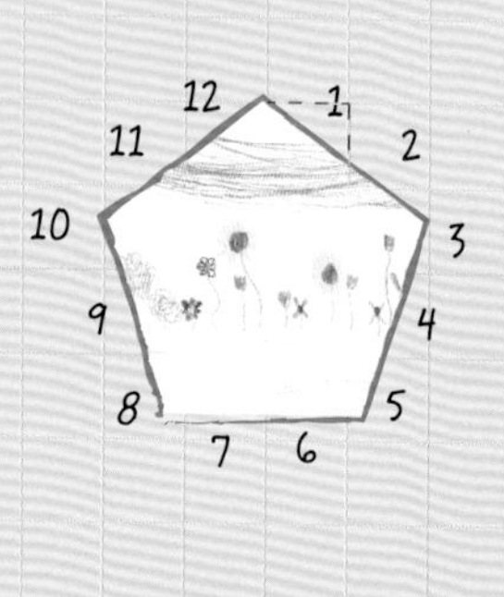

这个花圃有5条边。

罗蒙利用网格纸来**估计**每个花圃的周长（估计的意思就是猜测花圃大概有多长），将网格纸上的整的正方形或部分的正方形都记作1个单位，数数沿着右图中的花圃的5条边依次走一遍一共经过多少个单位。

因为罗蒙数的时候，把部分的正方形也包括在内，所以他的测量结果是一个估计值而不是一个精确的测量结果。他估计一个花圃的周长约为12个单位。

估计周长有助于计划为每个花圃中种上多少植物。

拓展

看看下面的网格纸，估计一下这个花圃的周长是多少？

瓦加斯家的花圃

测量周长

卡里和她的朋友梅茜测量新房子里每个房间的周长。然后她们画出了每个房间的图纸，并在图纸上写下测量结果。卡里使用**米尺**来测量房间（米尺是一种测量长度的工具，一根米尺有1米长），她以米为单位测量了一些房间。梅茜也测量了房间。

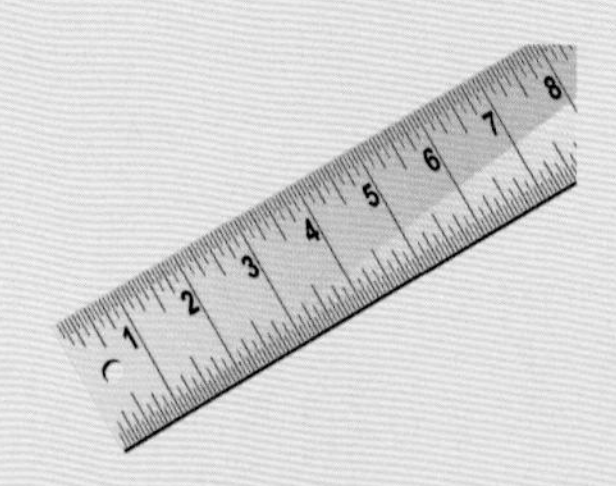

米尺被分成厘米（cm）和毫米（mm）。

拓展

使用直尺来测量**三角形**和**长方形**。三角形的每条边有多长？长方形的每条边有多长？

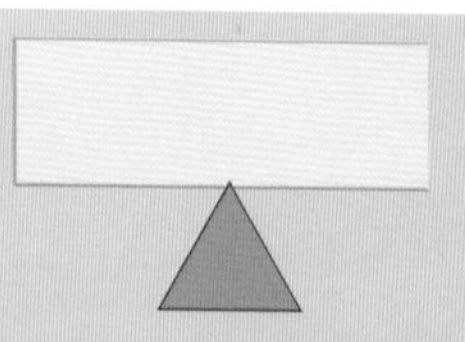

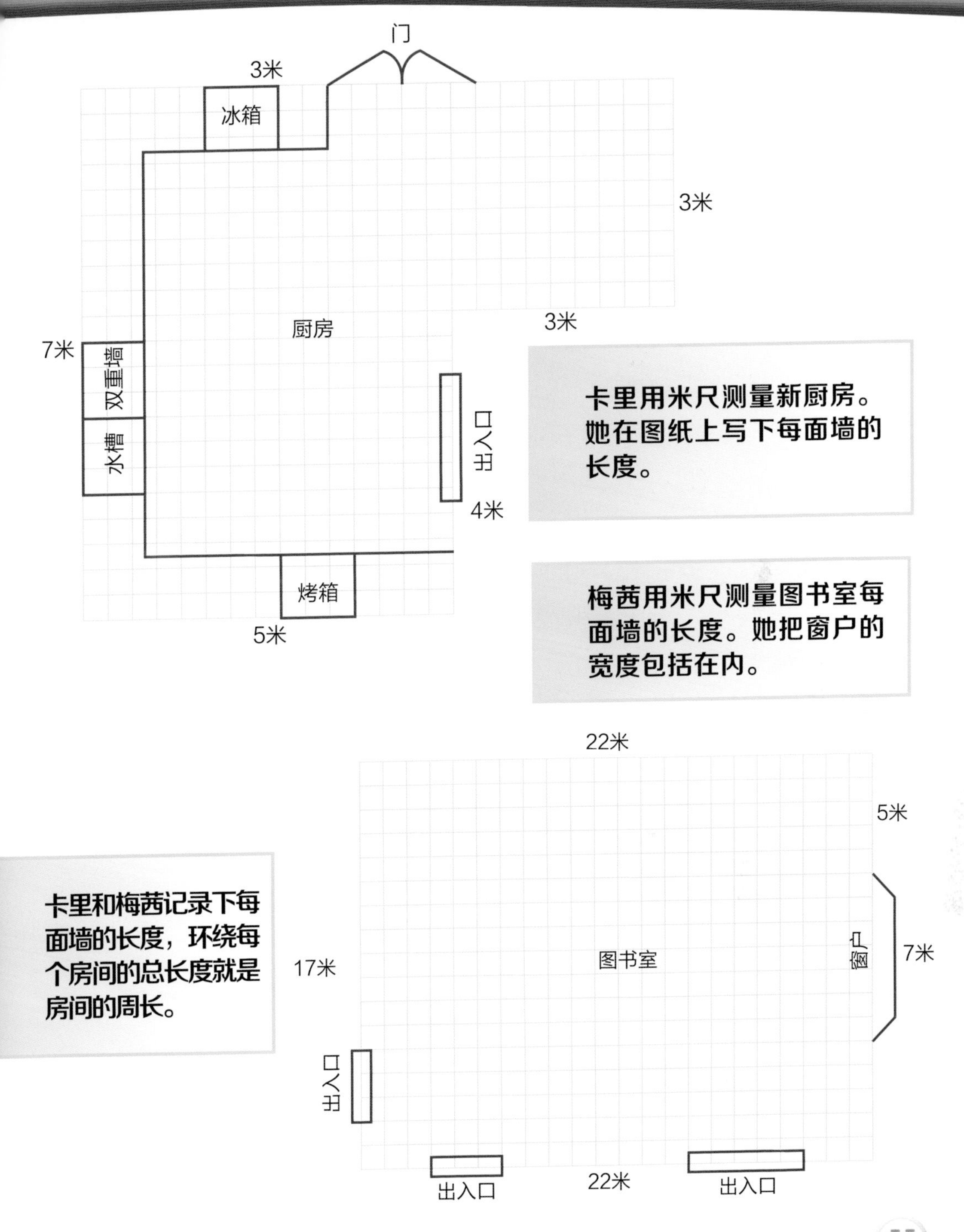

卡里用米尺测量新厨房。她在图纸上写下每面墙的长度。

梅茜用米尺测量图书室每面墙的长度。她把窗户的宽度包括在内。

卡里和梅茜记录下每面墙的长度，环绕每个房间的总长度就是房间的周长。

运用加法算周长

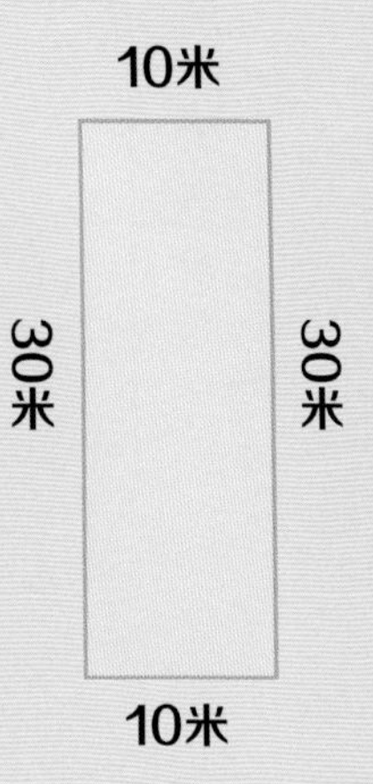

瓦加斯先生计划在院子四周围一圈栅栏。他仔细地标出院子的**边界**，也就是环绕瓦加斯家院子的边缘的线。

罗蒙和马丁用卷尺量出院子每一边的长度。当罗蒙测量的时候，他写下每边的长度，通过把每边的长度相加算出周长。

30米 + 30米 + 10米 + 10米 = 80米

院子的周长是80米。

院子的周长是30米+30米+10米+10米=80米。瓦加斯先生需要80米的栅栏。

拓展

你知道每个图形的周长是多少吗？

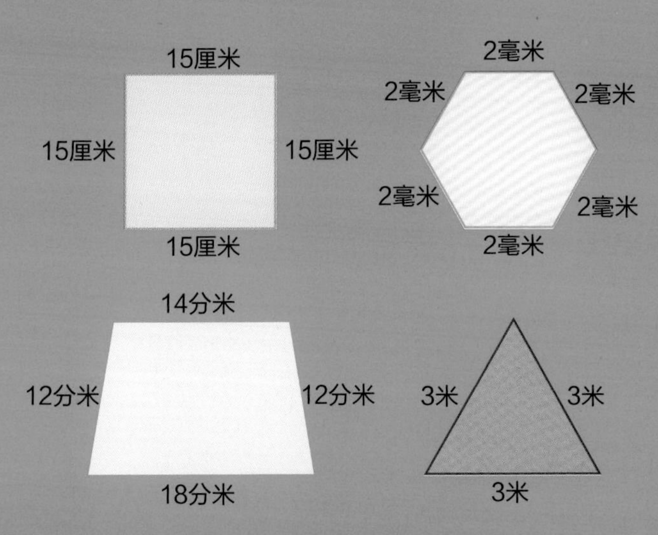

运用乘法算周长

罗蒙想搭建一个长方形的狗窝。他知道长方形有4条边，而且对边长度相等。

卡里向罗蒙展示长方形周长的计算**公式**。公式是表达数学规则的一套符号。

卡里写下这个公式：

2×长 + 2×宽 = 长方形的周长

（2×2米）+（2×1米）= 6米

拓展

运用公式来计算每个长方形的周长。

瓦加斯先生在新家的厨房铺设了新地砖，他使用的是正方形地砖。正方形是4条边都相等且4个角都是直角的四边形。

在他开始铺设地砖之前，瓦加斯先生需要算出一块地砖的周长。他告诉罗蒙正方形地砖周长的计算公式是4×边长。

因为4条边长度相等，所以他可以将一条边的长度×4。公式意味着4×一条边的长度。

罗蒙测量了一块地砖。地砖的边长是0.3米，运用公式就可以算出正方形地砖的周长。

s = 0.3米

一块地砖的周长是多少？

4×0.3米=1.2米

画图形

罗蒙和马丁用若干个小正方形在网格纸上画出地毯的周长。罗蒙和马丁以米为单位测量了物体。

网格纸上的每个正方形都能被用来表示一个线性单位。马丁在网格纸上画出了地毯的**尺寸**，或者说是地毯每个方向长度的测量结果。

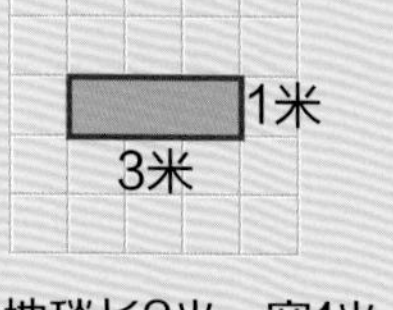

地毯长3米，宽1米。

拓展

在一张网格纸上，运用下面给出的尺寸画出图形。

1. 画一个长8厘米、宽3厘米的长方形。
2. 画一个每条边的长度都是4厘米的三角形。

瓦加斯夫人要在新花园里种西红柿。她想要保护西红柿免受兔子侵害，所以买了一圈栅栏，这圈栅栏长20米。

她让罗蒙设计一个西红柿苗圃，要求这个苗圃必须把所有栅栏材料正好用完，一点不剩。罗蒙画了几种苗圃的设计图。

下图的这些苗圃中哪些能够正好用完20米的栅栏？哪些需要不止20米的栅栏？

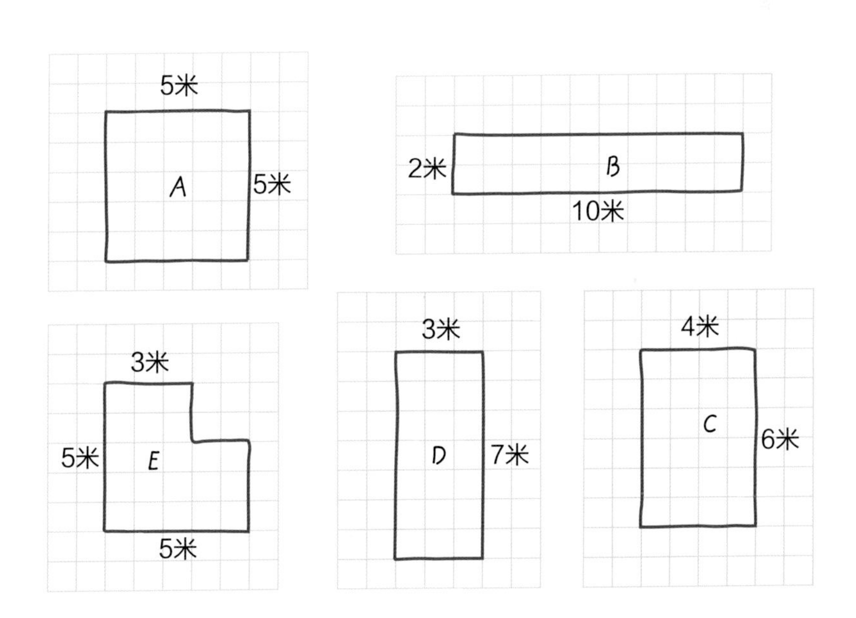

画设计图

梅茜了解到卡里家要盖一所新房子。梅茜和卡里决定画一张她的新家的平面图。

房子有14米长，12米宽。车库在院子的左边扩建。它将会是7米长，6米宽。

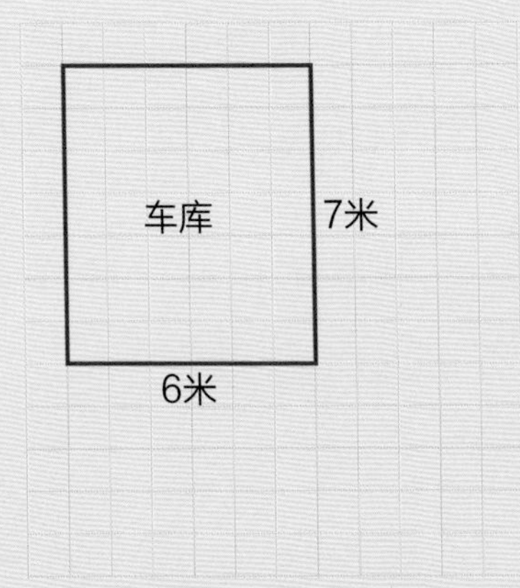

梅茜开始了解卡里家的新房子。

拓展

如果你打算盖一座你自己的房子，你要考虑哪些方面？

- 考虑你的家人需要的房间。
- 那些房间需要多大？
- 想想你喜欢什么活动，你想要为那些活动留出多大的空间？

在一张网格纸上设计你梦想中的房子，包括每个房间的尺寸。

提示： 量出家里每个房间的周长，这样一来在画你梦想中的家的设计图时你就可以参考尺寸。

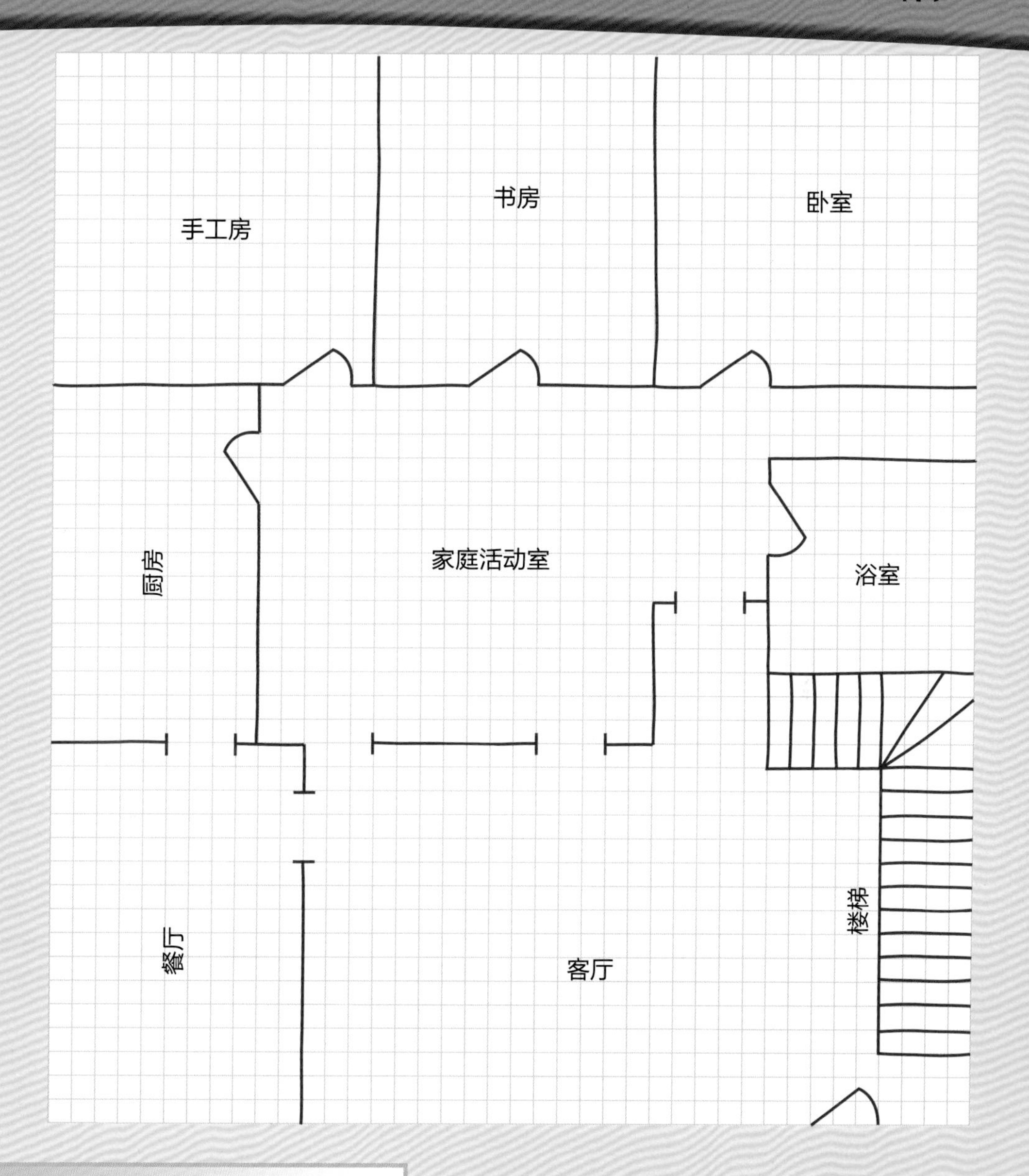

平面图展现房子里每个房间的尺寸。

术语

边界（boundary） 限定图形界限的线。

尺寸（dimension） 每个方向上长度的测量结果。

估计（estimate） 利用已知信息做出的推测。

公式（formula） 表达数学规则的一套符号。

网格（grid） 是由直线将平面均等地分成正方形的一种模式。

米尺（meterstick） 被用来测量长度的工具，长1米。

周长（perimeter） 环绕封闭图形一周的长度。

长方形（reetangle） 有4个直角、对边长度相等的四边形。

正方形（square） 4条边相等、4个角都是直角的图形。

三角形（triangle） 有3条边和3个角的图形。

周长范例

图形	例子	求周长
三角形	3厘米 3厘米 3厘米	把每条边的长度加起来。 3厘米+3厘米+3厘米=9厘米
长方形	宽=2厘米 长=6厘米	把每条边的长度加起来。 6厘米+6厘米+2厘米+2厘米 =16厘米 或者运用公式： 长方形周长=2×长+2×宽 2×6厘米+2×2厘米=16厘米
正方形	边长=5厘米	把每条边的长度加起来。 5厘米+5厘米+5厘米+5厘米 =20厘米 或者运用公式： 正方形周长=4×边长 4×5厘米=20厘米
梯形	2厘米 3厘米 3厘米 4厘米	把每条边的长度加起来。 2厘米+3厘米+4厘米+3厘米 =12厘米

多边形

打球

埃米莉和她的爸爸正在看一场棒球比赛，赛场里有好多不同形状的物体！她环顾四周，看到了各种各样的图形。

爸爸告诉埃米莉有的图形是**多边形**。多边形是封闭图形，至少要有3条直**边**。

多边形的边被称作**线段**，每条线段和其他线段首尾相连组成图形。

拓展

将图形分类。下面的图形中，哪些至少有3条直边？图形是完全封闭的吗？如果满足这两个条件，那这个图形就是多边形。

图形	
多边形	
非多边形	

棒球场里有各种各样的图形。

▼ 棒球场

团队，加油

埃米莉看到有人在摇晃代表着团队颜色的旗子。旗子的3条边组成一个封闭图形，它是被称作三角形的多边形。

爸爸解释说，多边形的名称可能与它们的特征有关。三角形有3条边。

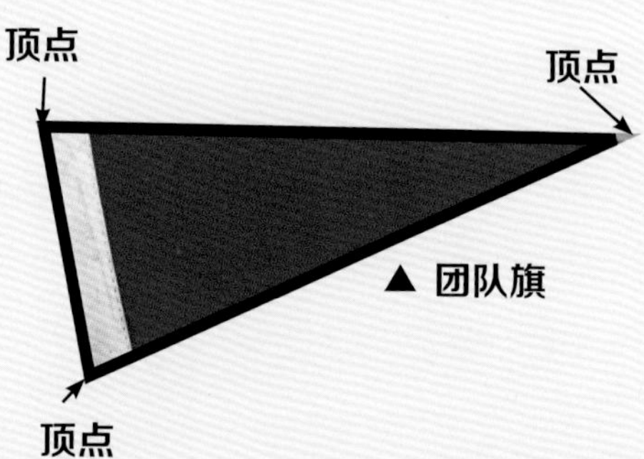

▲ 团队旗

所有的多边形都至少有3条边，所有的多边形都至少有3个**顶点**，它们是多边形每2条边相接地方的**点**。

拓展

这是一个八边形。它有几条边？它有几个顶点？

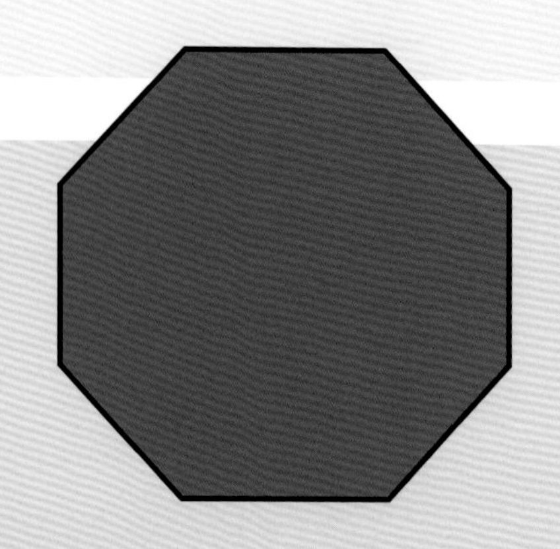

你认识这些图形吗?

多边形

图形	说明
	三角形 3条边和3个顶点
	四边形 4条边和4个顶点
	五边形 5条边和5个顶点
	六边形 6条边和6个顶点
	七边形 7条边和7个顶点

角

爸爸问埃米莉知不知道**角**是什么。多边形的角在两条边相接的地方形成。

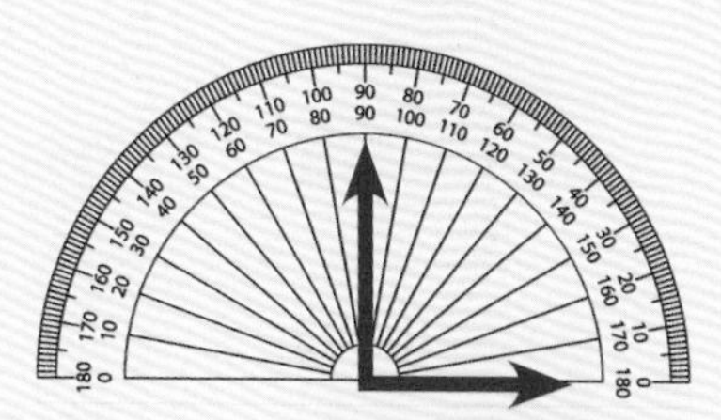

量角器▲

多边形的角的个数和它的边数一样多，有3条边的多边形有3个角，有4条边的多边形有4个角。

我们以“度”为单位测量角。**度**表示角的大小的程度。

直角是90度。**锐角**要小一些，范围在0到90度之间；**钝角**要大一些，范围在90到180度之间。

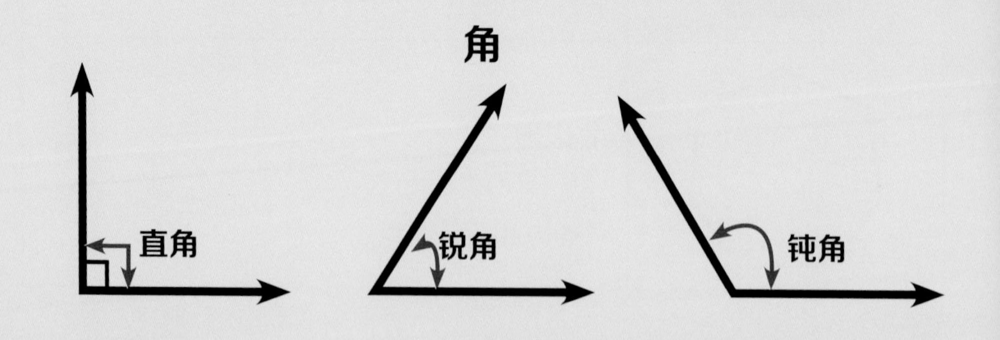

爸爸说可以把角想象成被切开的馅饼！

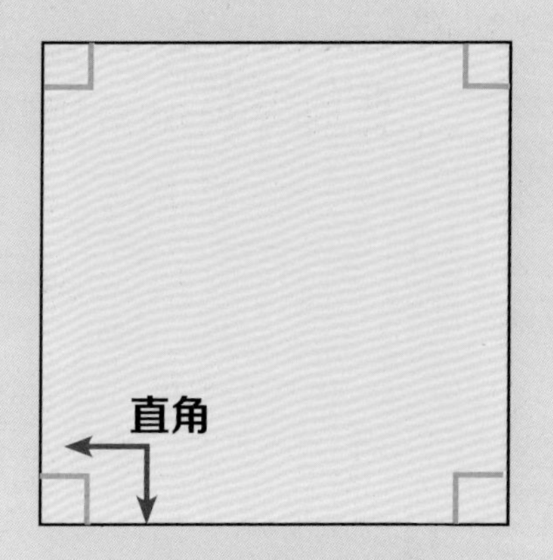

这个多边形有4条边和4个角，且4个角都是直角。

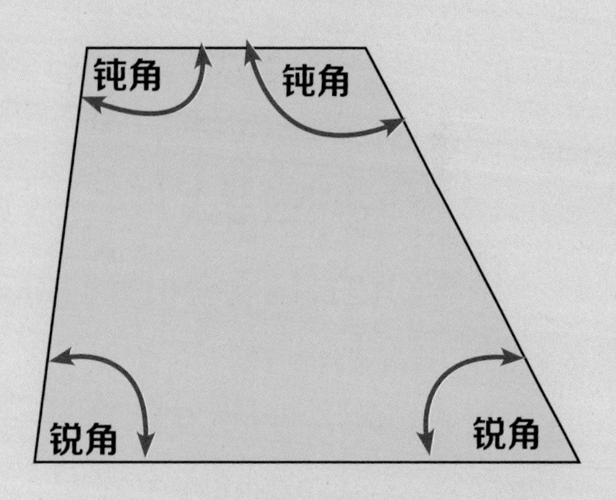

这个多边形有4条边和4个角。两个角是钝角，两个角是锐角。

三角形

三角形有3条边、3个顶点和3个角，所有的三角形都具备这三个条件。但是，三角形也有不同的类型。

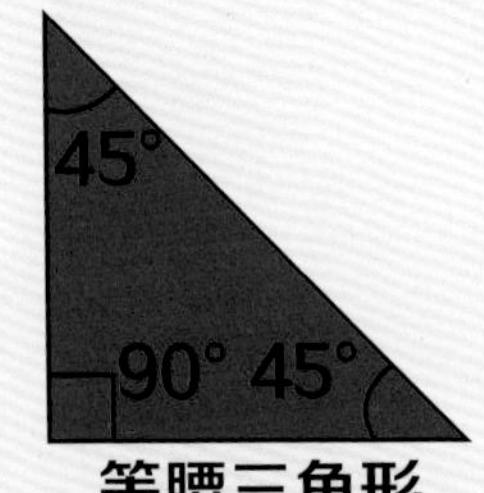

等腰三角形

这个三角形有两条边的**长度**相等，它有两个相等的角。

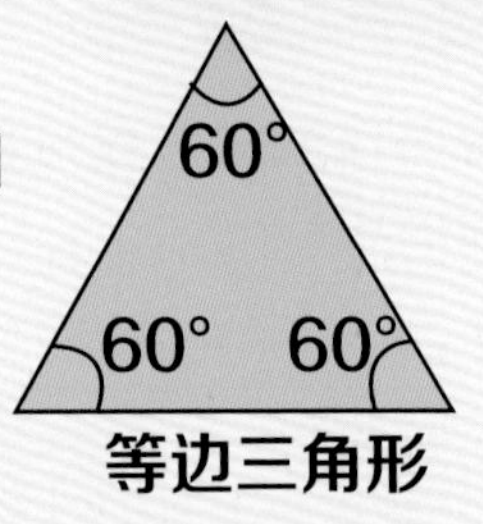

等边三角形

这个三角形3条边的长度都相等，它有3个相等的角。

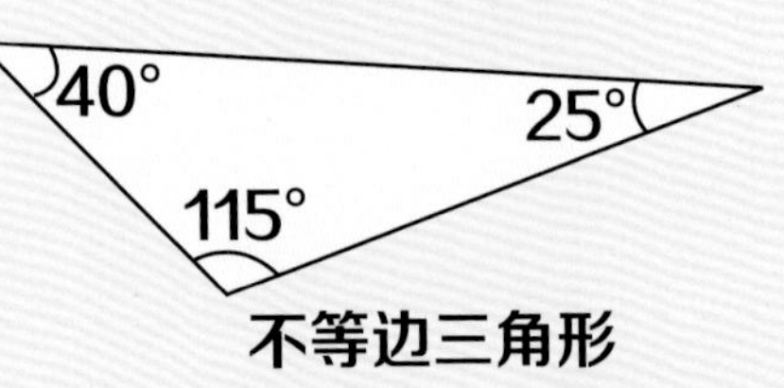

不等边三角形

这个三角形没有长度相等的边，也没有相等的角。

拓展

上面展示的三角形中，哪种有钝角？
上面展示的三角形中，哪种有直角？

像这样的旗子被称作细长三角旗。这个旗子有两条长度相等的边，有两个相等的角。这个旗子的形状是一个等腰三角形。

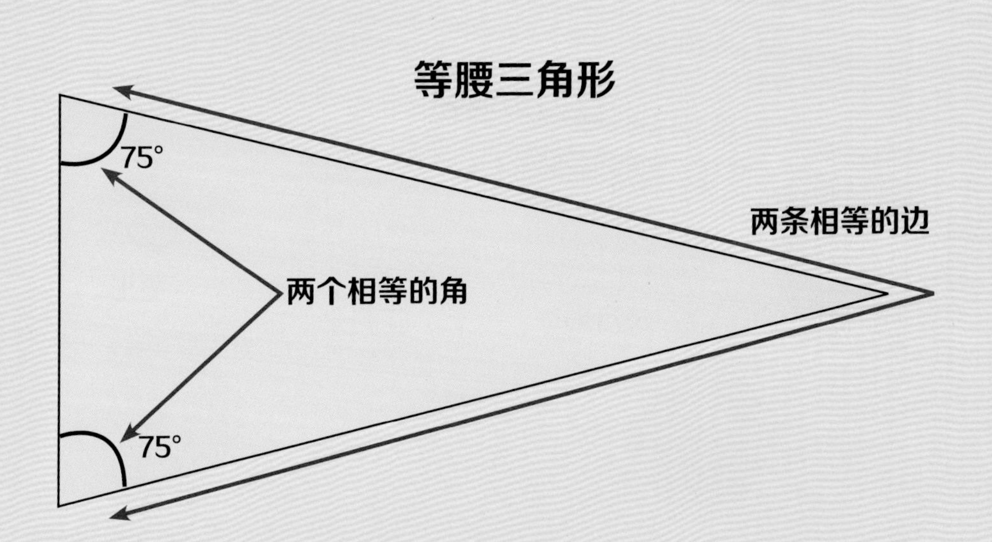

四边形

爸爸解释说，**四边形**都有4条边和4个顶点，它们的边与顶点形成4个角。四边形的这些特征是相同的，但是，它们看起来可能不同。它们的边和角可以相等，也可以不相等。

找出下图中的四边形。这些四边形中有相等的边吗？有相等的角吗？

拓展

这些图形中的哪些是四边形？

八边形　长方形　正方形　菱形

五边形　梯形　六边形

找出本页图中的线段、角和四边形。

运动场

埃米莉指出运动场的形状。垒和本垒是顶点。运动场有4条边和4个角。

她说："我看到一个四边形！"

爸爸告诉她一个垒到另一个垒的距离是相等的，边的长度是相等的。4个角都是相等的，它们都是直角。这个特殊的图形就是一个正方形。

拓展

请爸爸妈妈来帮助你。用奶油或果酱涂满两片面包中间的地方，再把你的三明治切成三角形、正方形或其他有趣的多边形吧！

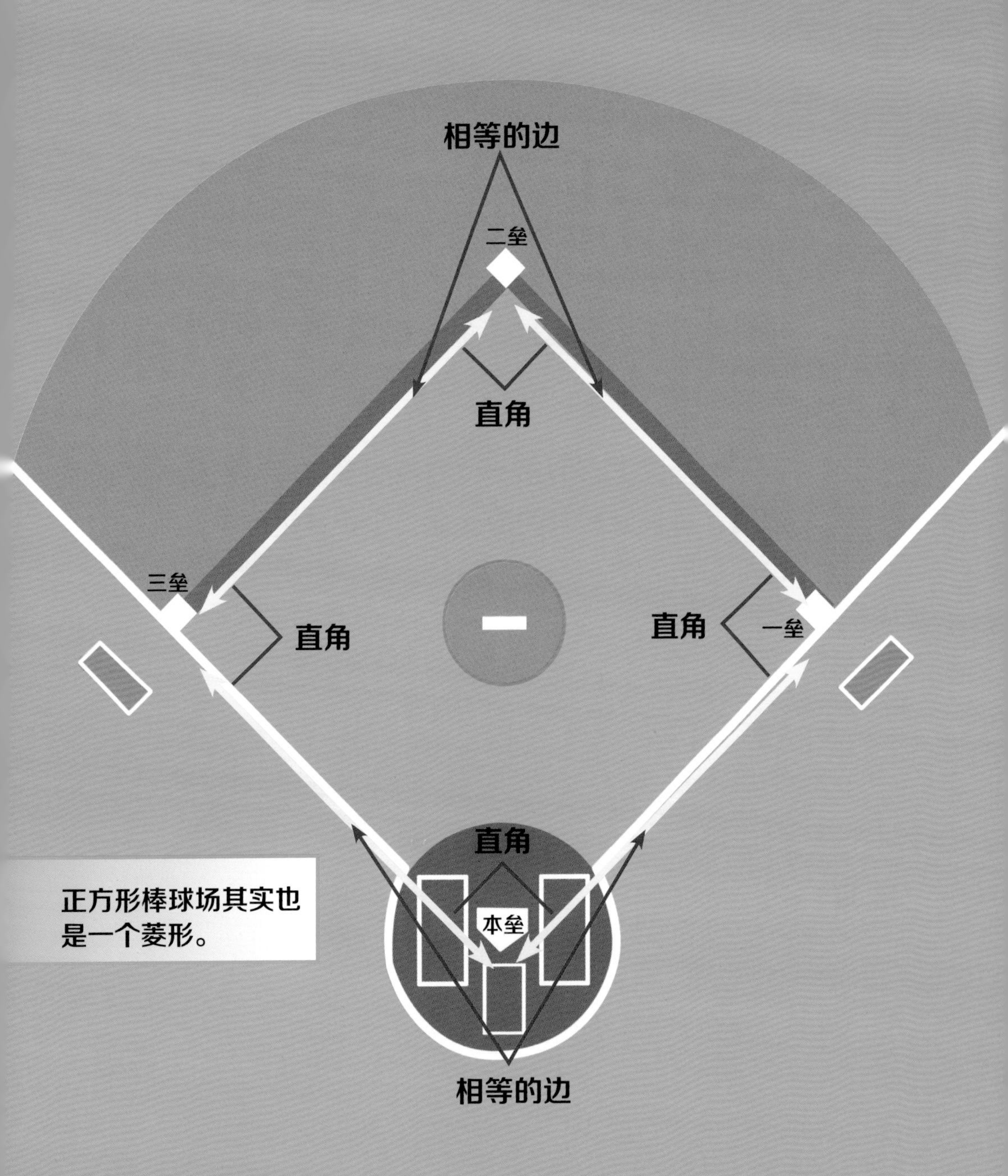

正方形棒球场其实也是一个菱形。

一记安打

击球员挥棒并且打中了球，他跑向一垒的位置。埃米莉能看到一垒也是一个正方形。正方形有4条相等的边和4个直角。

爸爸说正方形是一种特殊的多边形，它是一个**正多边形**，有长度相等的边。在一个正多边形中，所有的角也都是相等的。

拓展

拿一些彩纸。剪几个三角形，再剪几个正方形。把它们粘在另一张纸上来制作一张小房子样子的图画吧（见右图）！

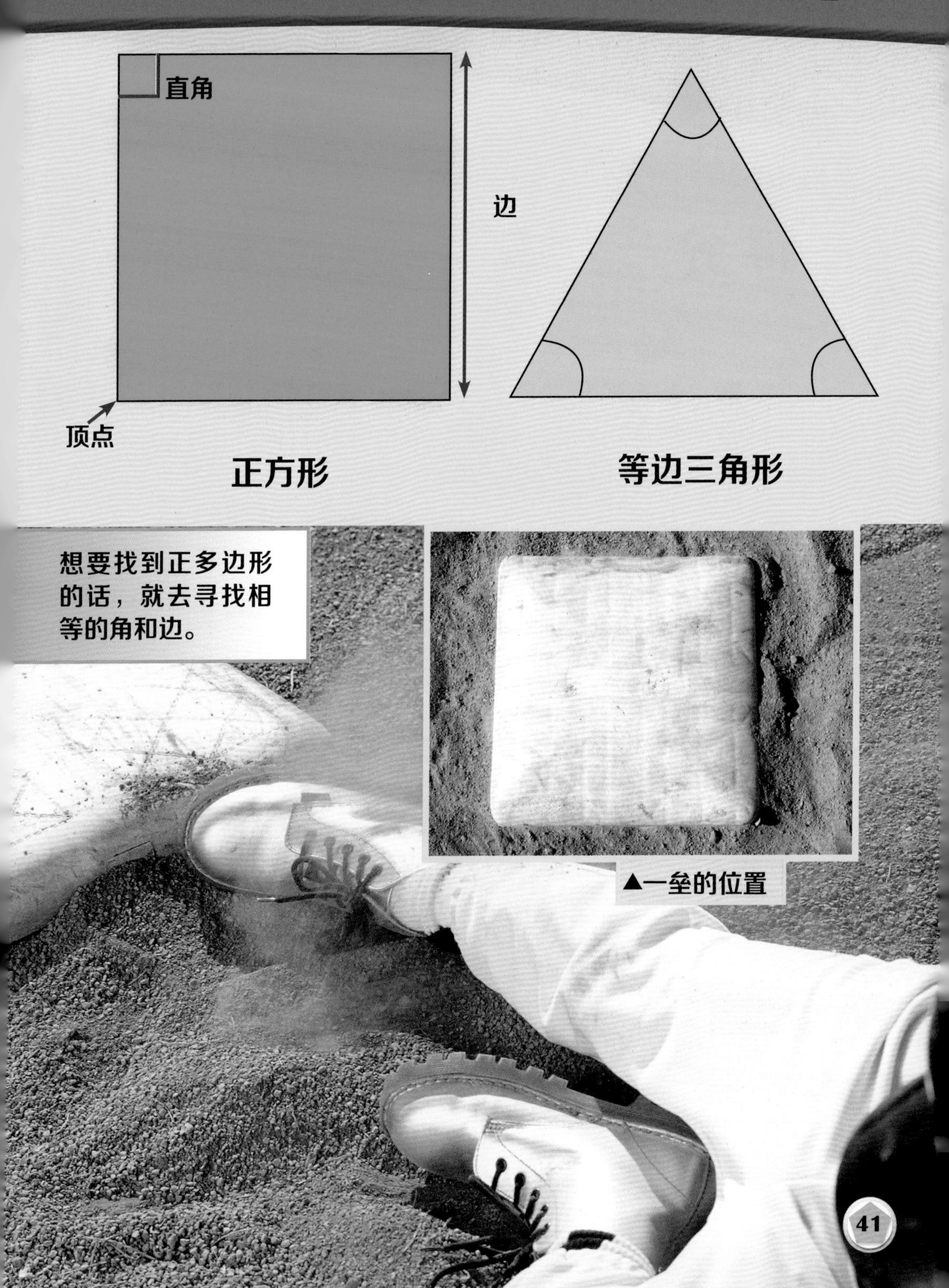
直角
边
顶点
正方形
等边三角形
想要找到正多边形的话，就去寻找相等的角和边。
▲一垒的位置

得分

埃米莉看着大大的得分板，它的形状像一个**长方形**。长方形也是一个多边形，它有4条边和4个直角，这些特征与正方形相同。但是，长方形的边的长度并不都是相等的。

长方形是**非正多边形。**非正多边形的边的长度不总是相等的，角也不总是相等的。

拓展

在右侧表格内打钩，将多边形分成两类：把正多边形分到一类，把非正多边形分到另一类。

多边形	正多边形	非正多边形
正方形		
三角形		
五边形		
四边形		
三角形		
长方形		
平行四边形		

你在大长方形里看到小长方形了吗?

非正多边形

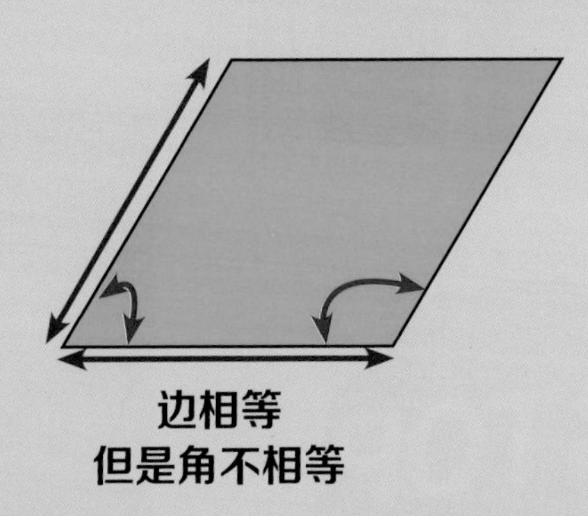

边相等
但是角不相等

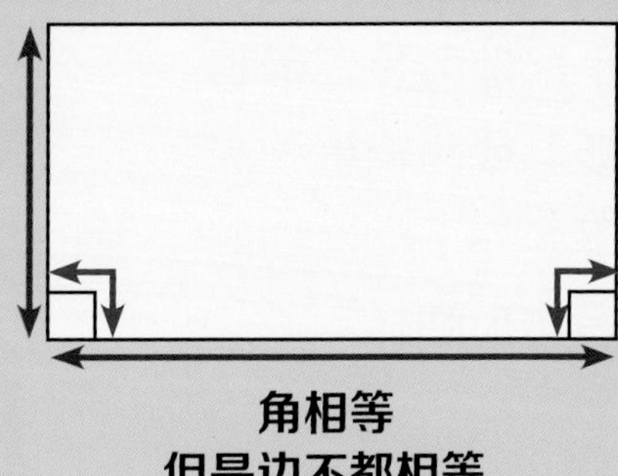

角相等
但是边不都相等

全垒打

下一个击球员挥棒了。击中了！他跑过一垒的位置、二垒的位置和三垒的位置。然后，他滑向本垒板。全垒打！

埃米莉注意到本垒板和其他垒的形状不同。它有5条边、5个顶点和5个角。本垒板的形状被称作**五边形**。

拓展

和家人一起绕小区散散步，带着纸笔或照相机，画下或拍下你发现的多边形吧！

图形无处不在！

▼ 本垒板

术语

锐角（acute angle） 范围在0度~90度之间的角。

角（angle） 由开始于一个公共点的两条边组成的图形。

度（degree） 测量角的单位。

非正多边形（irregular polygon） 各边不全相等，各角也不全相等的多边形。

长度（length） 一点到另一点的距离。

线段（line segment） 有两个端点，是直线的一部分。

钝角（obtuse angle） 范围在90到180度之间的角。

五边形（pentagon） 有5条边和5个顶点的多边形。

点（points） 空间里的位置。

多边形（polygon） 由至少3条线段组成的封闭图形，每条线段的端点恰好与两条其他的线段的端点首尾相接。

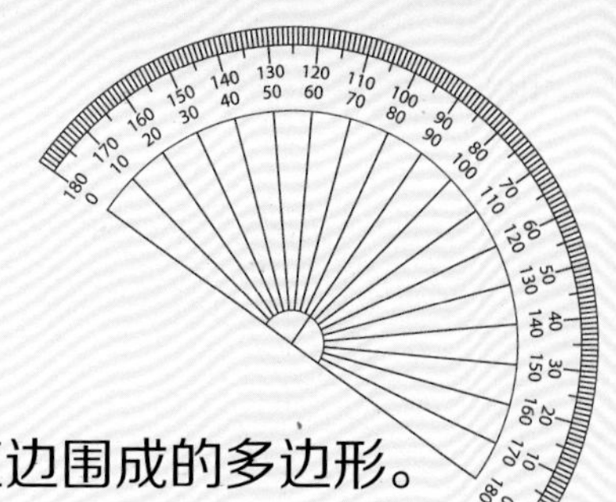

四边形（quadrilateral） 由4条直边围成的多边形。

长方形（rectangle） 有4个直角，两组对边完全相等的多边形。

正多边形（regular polygon） 有4个相等的角和4条相等的边的多边形。

直角（right angle） 度数恰好是90度的角。

边（side） 连接多边形的一个顶点与另一个顶点的线段。

顶点（vertex） 两条边首尾相接的地方的点。

面积

了解面积的相关知识

杰克逊夫人的数学课正在讲解**面积**的相关知识。面积表示物品**表面**的大小。

我们使用**平方单位**来测量表面的大小。根据不同的面积使用不同的平方单位。

平方厘米是较小的平方单位，可以表示较小的面积，例如书的表面。**平方米**是较大的一种平方单位，可以表示较大的面积，例如操场。

拓展

我们应该怎么做才能知道教室里一块小地毯的面积？

老师向同学们展示了一个被
144个平方单位覆盖的区域。
平方单位

测量面积

杰克逊夫人展示了如何用正方形方块工具测量一本书的封面面积。一个正方形方块的面积是1个平方单位。她把方块紧挨着铺满书的封面，她数了数覆盖在书上的方块的数量方块，所以书的面积是8个平方单位。

方块正好铺满了这本书的封面。然而，平方单位可能不会总是正好能铺满要测量的物体表面，所以我们可以用**最接近的整数单位**来估算面积。如果正方形方块覆盖住物体的面积小于一半，数的时候不能算作1块；如果覆盖住物体的面积大于一半，则可以算作1块。

拓展

桌上放了一本书，请你测量出这本书顶部的面积。使用大小相同的正方形方块以最接近的整数单位来测量这本书的面积。

尽可能多地摆放方块，方块与需要测量的面积不一定要恰好完全匹配，但要尽可能接近！

Mathematics

书的顶部被8个正方形覆盖。

标准单位

日记本

萨拉和杰弗里是好伙伴。他们准备用彩色木块覆盖日记本封面，以这种方法来测量日记本的面积。

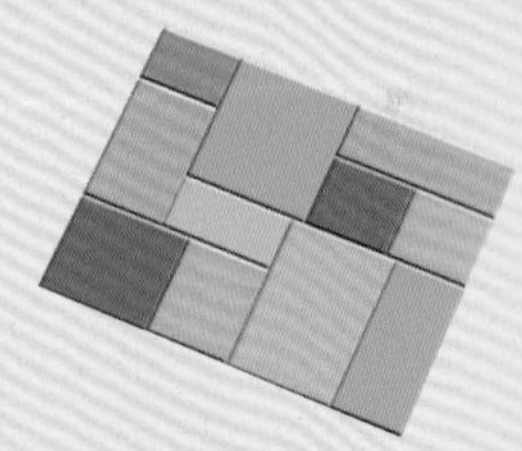

彩色木块

孩子们用了11个彩色木块来覆盖笔记本，但是他们注意到这些彩色木块的大小不同。这意味着这些彩色木块不是标准单位。

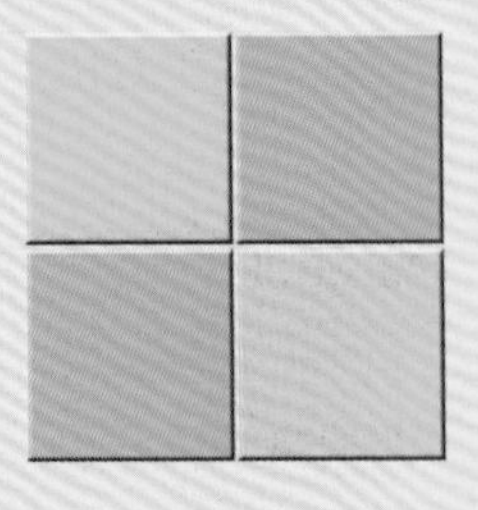

正方形方块

杰克逊夫人告诉他们如果想测量面积就要使用平方单位。平方单位是**标准单位**，所有的正方形是大小相同的。

拓展

找一个零食盒子。使用平方单位来测出它的面积，注意要使用大小相同的平方单位，也就是标准单位。

应该使用标准单位来测量面积，使用不标准的彩色木块是没法正确测量面积的。

错误的尝试

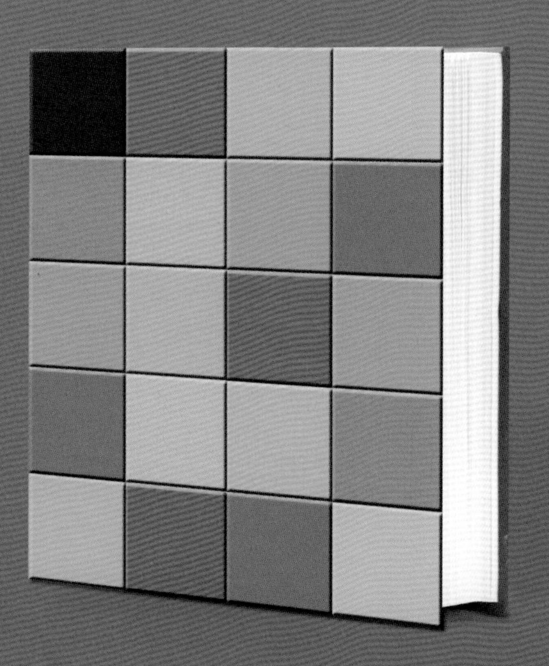

正确的尝试

适合纸的单位

杰克逊夫人向同学们展示了一张纸。她解释说，有两种标准单位可以被用来测量这张纸的面积。人们常常使用边长为1厘米的正方形测量面积，即以平方厘米为单位来测量面积。在有些地方，人们使用边长为1英寸的正方形，即以**平方英寸**为单位来测量面积。（1英寸=2.54厘米，1平方英寸=6.4516平方厘米）

用统一的标准单位记录是非常重要的。这是为什么呢？杰克逊夫人让同学们通过练习计算面积来找到原因。

拓展

下面画着两个正方形，它们分别为1平方厘米和1平方英寸。把它们剪下来。然后用平方厘米和平方英寸来测量一张纸的面积。

杰弗里用1平方英寸的正方形来测量一张纸的面积。
他写下他的答案：__________平方英寸。

同一张纸的面积能用不同的单位来测量。

他用1平方厘米的正方形来测量同一张纸的面积。
他写下他的答案：__________平方厘米。

平方单位制

杰弗里用1平方厘米大小的方块测量积木的面积。他得出方块的总面积是12平方厘米，他以平方厘米为单位记录下**测量值**。

接下来，他用1平方英寸大小的方块测量同一积木的面积。他得出面积大约是2平方英寸，他以平方英寸为单位记录下测量值。

杰弗里**比较**他所记录下的测量值，发现数字是不同的。他意识到使用统一的标准单位记录测量值是很重要的。

拓展

请你测量一个小物品的面积，可以先用1平方厘米的方块来测量，然后用1平方英寸的方块再测量一遍，最后比较你的两次测量的结果。

杰弗里测量积木的面积。

网格纸

杰克逊夫人向班级同学展示了一个被称作**网格纸**的数学工具。网格纸上有很多方格，每个方格大小相同。

我们既可以用网格纸上的一个小方格表示1平方厘米，也可以用它表示1平方英寸。

萨拉在一张每个小方格代表1平方厘米的网格纸上画房子，并数了数她需在多少个正方形上涂色才能把房子全部涂满，她可以用平方厘米为单位记录下纸上房子的面积。

拓展

在网格纸上画房子，通过数方格来得出房子的面积。

门的面积是多少？
数数门占据了几个方格。

估计面积

萨拉和杰弗里制作了一张每个小方格的面积都是1平方厘米的网格纸，并在网格纸上描出他们的脚。他们数了数萨拉的脚能够覆盖住的方格：她的脚覆盖住的面积是154平方厘米。

估计是人们利用已知的信息做出的推测。他们想估计出杰弗里的脚的面积，杰弗里的脚看起来比萨拉的脚大一点。他们估计杰弗里的脚覆盖的面积是160平方厘米。

接下来，他们数了数描在纸上的方格。他们的估计结果很接近准确答案！杰弗里的脚覆盖的面积是167平方厘米。

拓展

在网格纸上描出脚，先估计脚的面积，然后数方格来得出更为准确的面积。

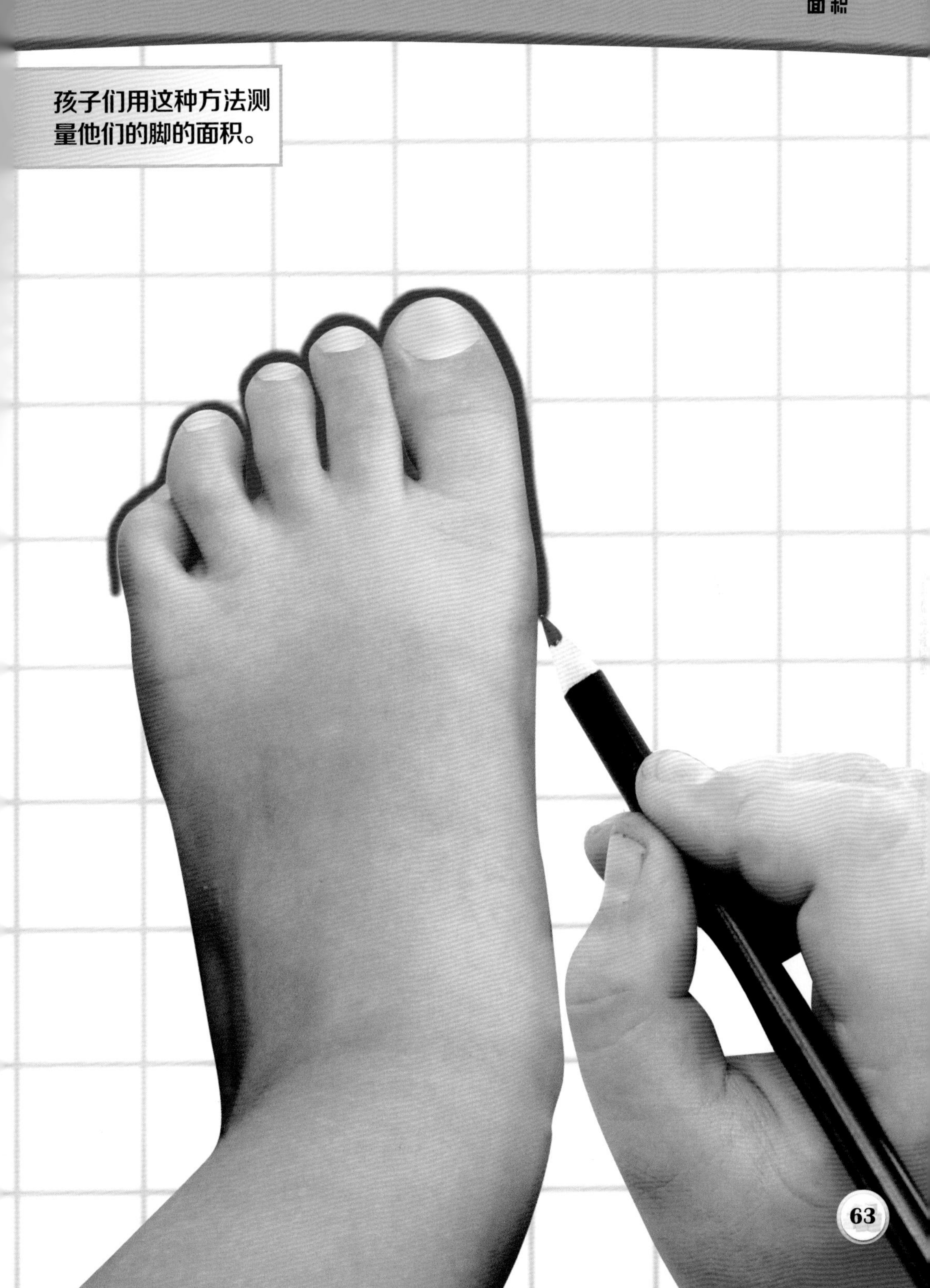

孩子们用这种方法测量他们的脚的面积。

钉子板

钉子板是钉有短钉的正方形板。短钉形成了很多个小正方形，且每个小正方形大小相同。把橡皮筋勒在短桩上就可以形成图形。

杰克逊夫人向萨拉和杰弗里展示如何在钉子板上构造一个**正方形**。她告诉他们可以通过数橡皮筋里的小正方形来得出正方形的面积。

萨拉和杰弗里尝试在几何板上构造**长方形**。他们通过数小正方形的方式得出了长方形的面积。

拓展

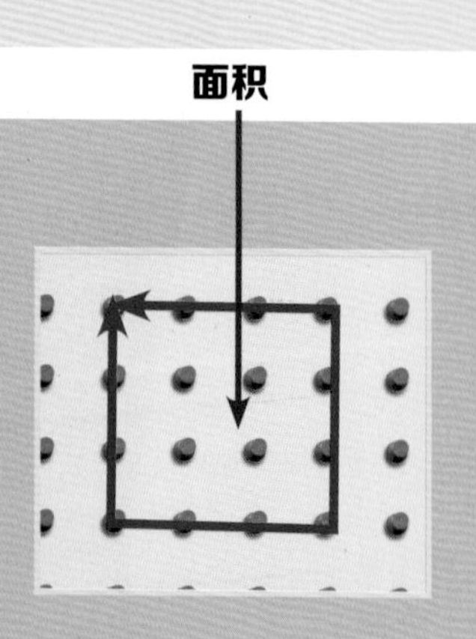

看看右图中钉子板上的正方形。你能通过数正方形里的小正方形来得出它的面积吗?

如果你有钉子板的话，请试着用橡皮筋构造一个正方形。你的正方形的面积是多少？需要多少个这样的正方形才能覆盖住整块钉子板呢?

孩子们在钉子板上构造长方形。

通过测量来看看合不合适

萨拉和杰弗里已经学到了有关面积的知识和有关测量面积的工具的知识，杰克逊夫人想要教他们如何运用所学的知识。

杰克逊夫人说她想要买一台教室里用的新计算机，计算机需要占用的面积是450平方厘米，她想知道这台计算机能不能放在讲桌旁边的桌子上。

萨拉和杰弗里用1平方厘米的方块来测量桌子的面积。他们得出桌面的面积是480平方厘米。计算机应该可以放在桌子上！

拓展

为什么知道面积是重要的？制造哪些事物时会用到有关面积的知识？

图中的长方形里有多少个平方单位?

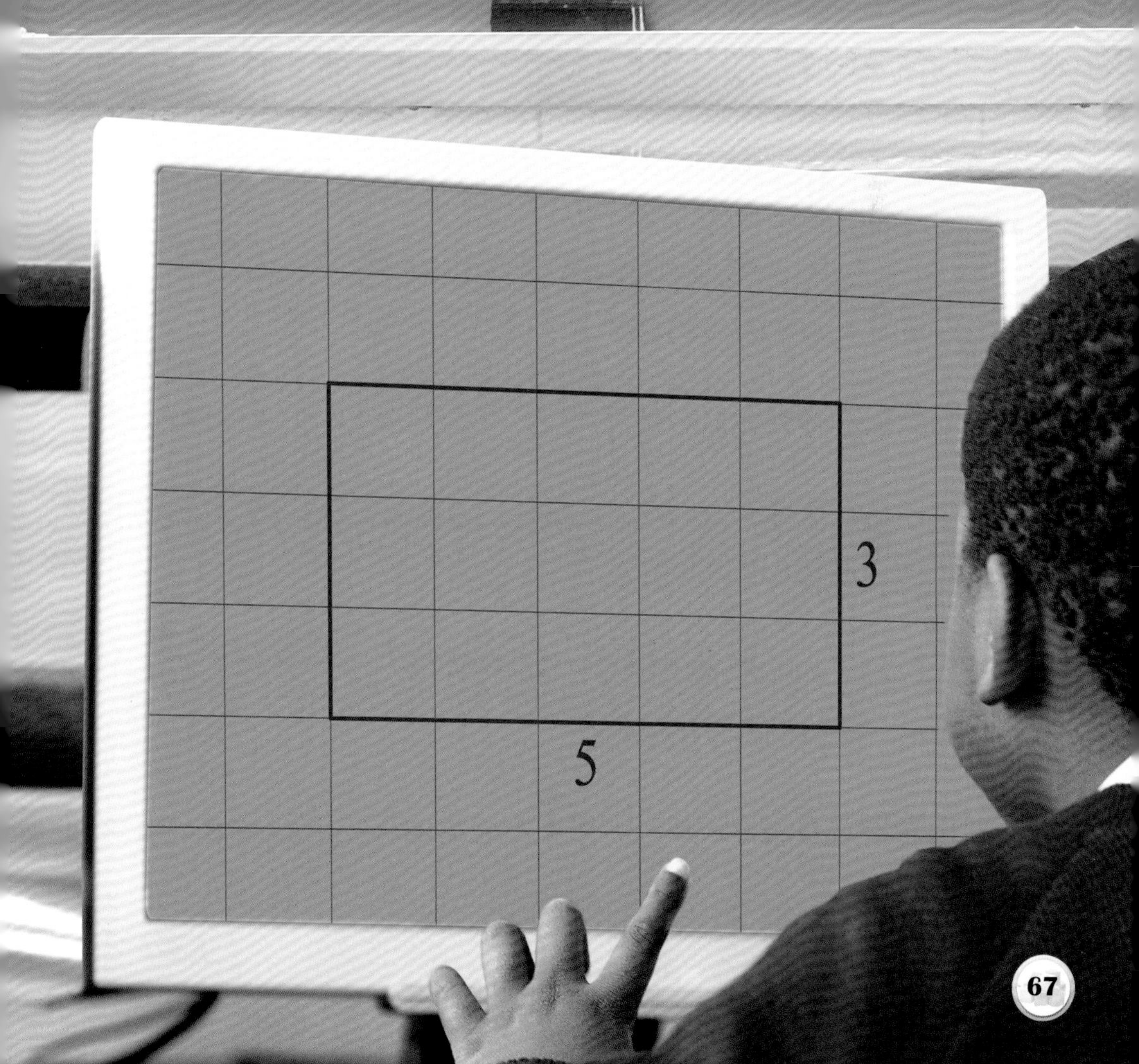

术语

面积（area） 平面或物体表面的大小。

比较（compare） 就两种或两种以上同类的事物辨别异同。

估计（estimate） 利用已知信息做出的推测。

钉子板（geoboard） 钉有短钉的板，这些短钉形成了很多个正方形。

网格纸（graph paper） 被分成大小相等的正方形的纸。

测量值（measurement） 通过测量得出的物体的尺寸。

最接近的整数单位（nearest whole unit） 四舍五入保留或舍去后得出的单位数。

长方形（rectangle） 对边相等（通常邻边不相等）有4个直角与4条直边的四边形。

正方形（square） 有4条长度相等的直边和4个直角的四边形。

平方厘米（square centimeter） 边长为1厘米的正方形面积单位。

平方英寸（square inche） 边长为1英寸的正方形面积单位。

平方米（square meter） 边长为1米的正方形面积单位。

平方单位（square unit） 4条边相等的正方形测量单位。

标准单位（standard unit） 属于平方单位的被用来测量的物体。

表面（surface） 物体最外层的部分。

三维图形

超市之旅

贾斯汀喜欢逛超市。他推着手推车，帮助妈妈寻找要买的东西。超市是一个学习图形的好地方！

有的图形是平面图形。平面图形是存在于一个**平面**上的图形，它有两个**维度**：长是一个维度，宽是另一个维度。你可以**测量**平面图形的长和宽。

拓展

平面图形也被称作二维图形。二维表示“两个维度”。你能说出下面这些平面图形的名称吗？

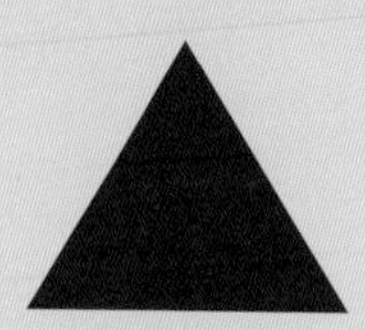

每种图形都可以用长度来衡量。

3个维度

妈妈告诉贾斯汀，有的图形是立体的，**立体图形**至少有3个维度。立体图形除了可以测量长和宽，还可以测量高。

有3个维度的图形被称作三维图形。这些图形有**面**，它们大多数还有**棱**和**顶点**。三维图形的面是平面的一部分，棱是面与面相连的地方，顶点是几个面相接的地方，相邻的几条棱也相交于顶点。

一块面包是一个三维图形。

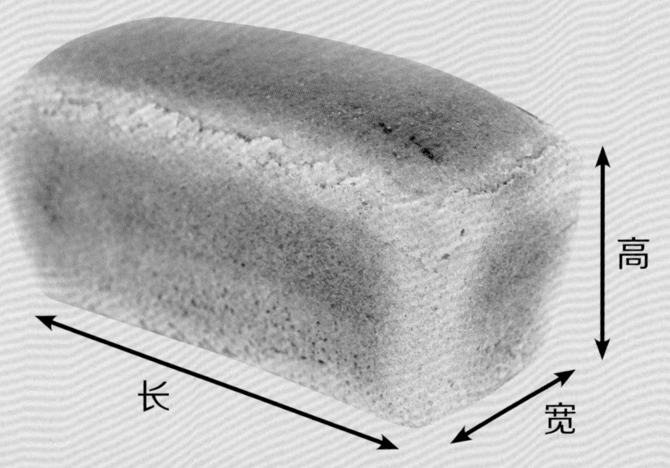

甜甜的球体

妈妈让贾斯汀帮她挑一些橙子。

橙子看起来像一颗球。球是被称作**球体**的三维图形，它没有棱和顶点，仅仅有一个面。这个面是个曲面，环绕整个球体。

下面展示的物品都是球体。

拓展

你还能想出其他形状是球体的物品吗？

三维图形是可以被摞起来的。

食品正方体

贾斯汀和妈妈去了熟食柜台。熟食柜台的营业员给了他们一块奶酪，这块奶酪被切成了**正方体**。

妈妈说正方体是三维图形。它有6个面，6个面的大小是**相等的**。

正方体有12条棱，8个顶点。

拓展

1. 画一个正方形。

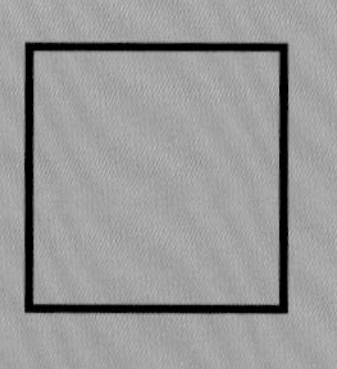

2. 再画一个正方形。

3. 像下图中的虚线这样把两个正方形连在一起。

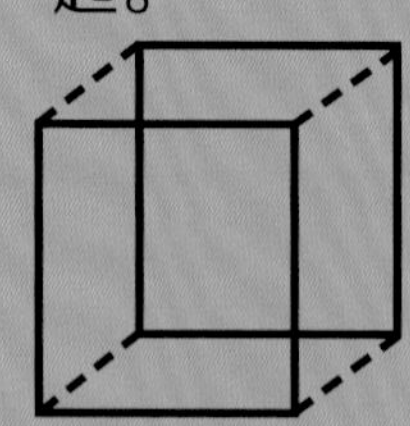

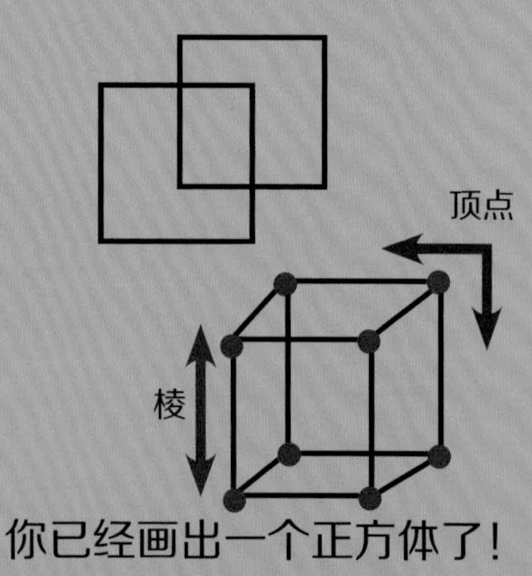

你已经画出一个正方体了！

正方体的底部也是一个面！

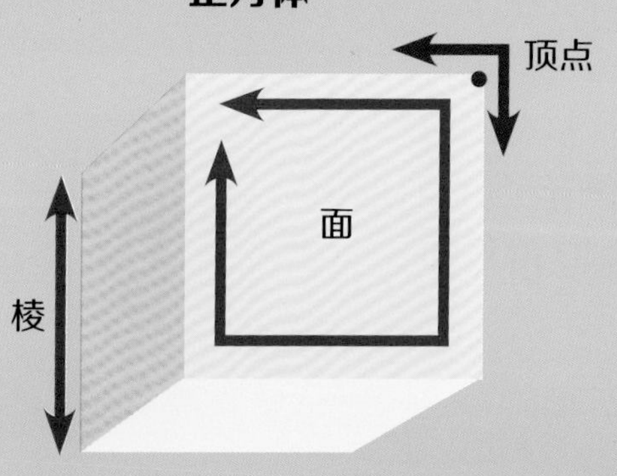

圆柱体

贾斯汀问：“晚上喝汤怎么样？”

妈妈说：“那我们买一个汤罐头吧！我们也需要买一些卷纸，如果汤洒出来的话就需要用纸来擦干净。”

他们找到汤罐头和卷纸，两个物品的形状相似。

妈妈解释说罐头和卷纸都是**圆柱体**。圆柱体有2条边，没有顶点。圆柱体有3个面，它的两端各有1个圆形平面，第三个面是个曲面，它将两个圆连接起来。

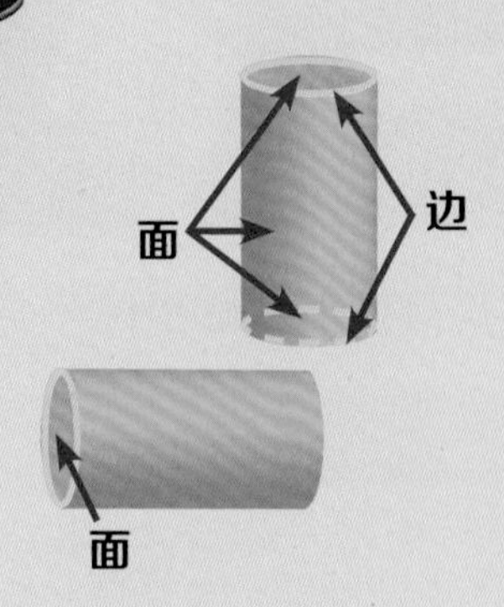

拓展

在纸上按照下一页的展开图画出你的图形，并把它剪下来。先把长方形卷起，再把两端的圆形折下来，两个圆形和一个曲面，正好组成了一个圆柱体。

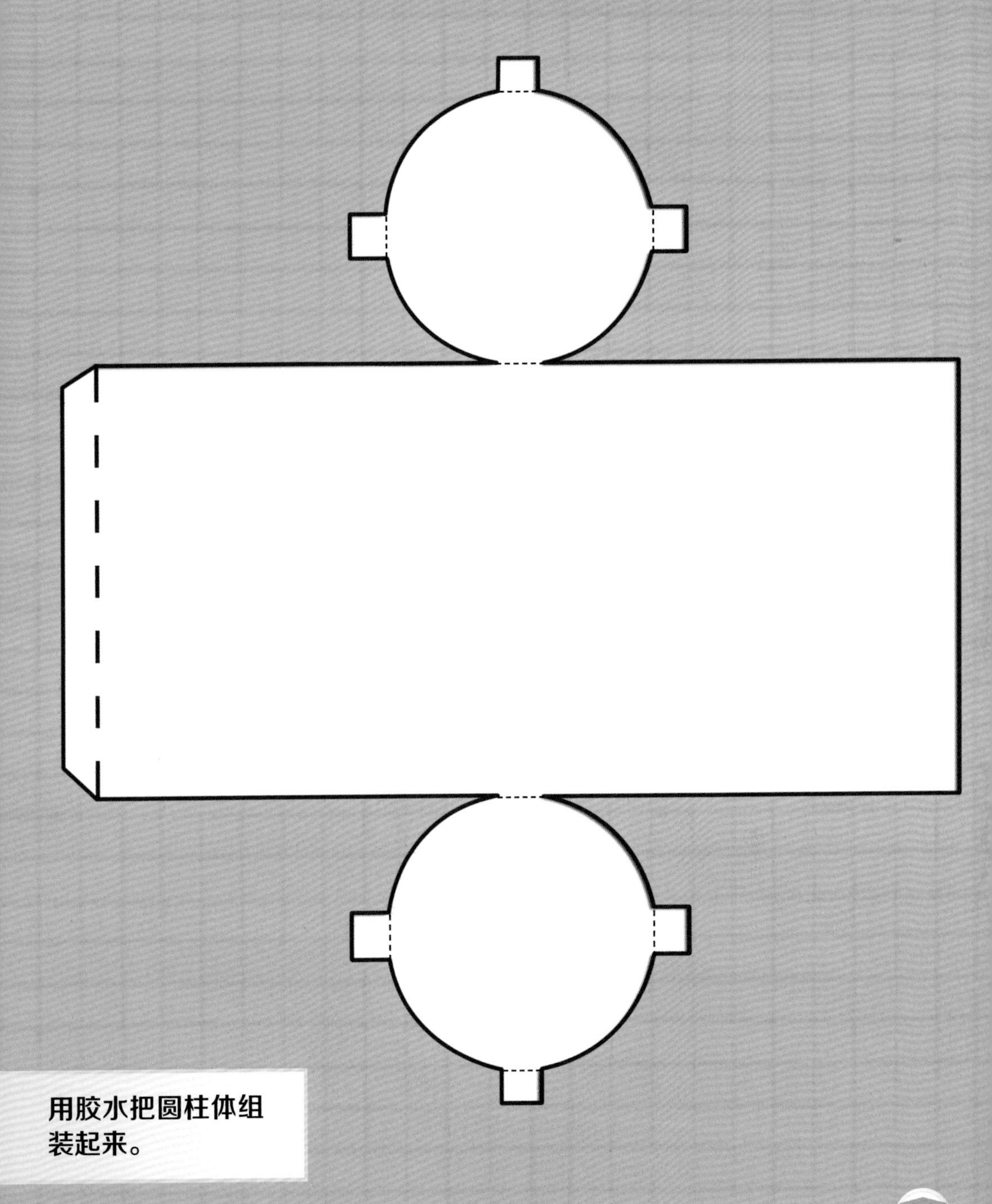

用胶水把圆柱体组装起来。

用处广泛的圆锥体

注意！地上有积水！贾斯汀和他的妈妈看到地上有一片积水，积水旁边有1个橘色的**圆锥体**，这个圆锥体提醒人们路过这里时要注意安全。

圆锥体有2个面。其中一个是圆圆的平面，另一个面是沿着圆形平面卷曲的曲面，它连接了圆和另一端的顶点。圆锥体有1条边和1个顶点。

面

边

顶点

拓展

在彩纸上按照右图中这个图形的形状画，然后把彩纸上的图形剪下来。把这个图形卷成一个圆锥体，把圆锥体做成一顶魔法帽！你可以用星星和月亮的形状来装饰你的魔法帽。

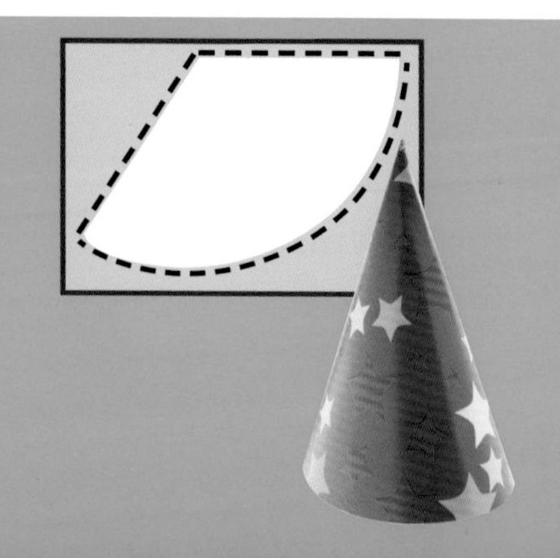

小心
地滑

冰激凌下的蛋筒
也是圆锥体。

你能想到其他圆锥
体形状的东西吗?

搭建棱锥

贾斯汀和妈妈去了面包房。贾斯汀看到一块美味的蛋糕，蛋糕顶部堆着浆果，浆果堆组成了一个**棱锥**。

这个浆果棱锥有5个面，其中一个面是它的**底面**，底面是那个承受整个棱锥的面。这个棱锥有一个正方形底面，其他4个面是三角形。

这个有着正方形底面的棱锥有5个顶点。底面四周有4个顶点，顶部有一个顶点。这种棱锥有8条棱。

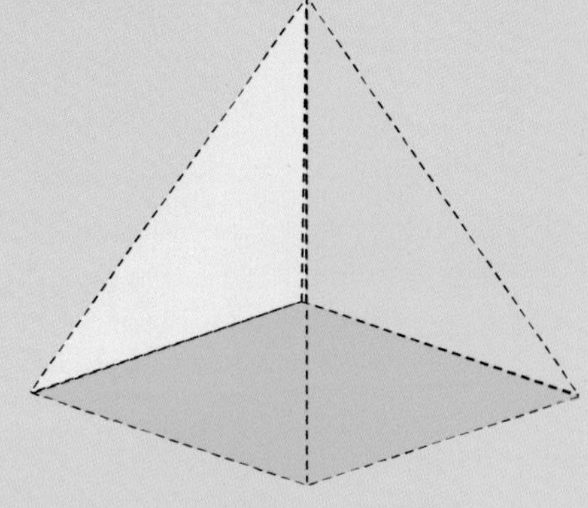

拓展

用方块或书本来搭建一个棱锥。

这堆浆果可以组成棱锥，它有5个面：4个侧面加1个底面。

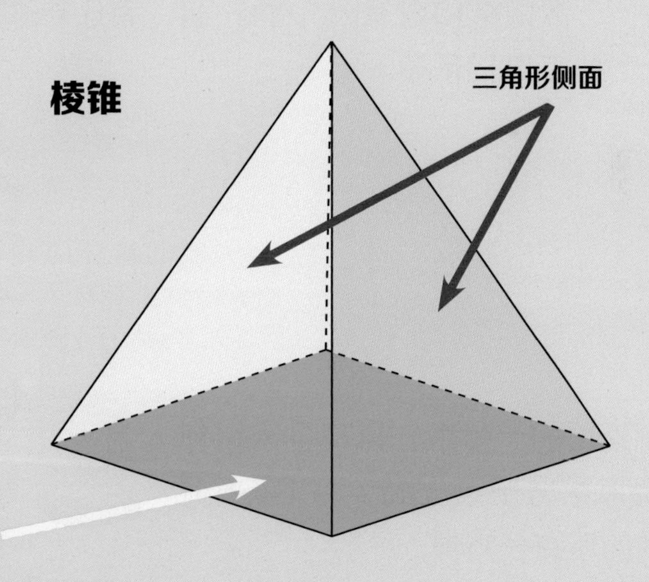

长方体无处不在

贾斯汀打了个喷嚏。

妈妈说："但愿我的宝贝不是生病了。对了，我们还需要买点抽纸！"

贾斯汀拿了一盒抽纸。抽纸盒两端各有一个小长方形，被4个大长方形连接。妈妈说纸巾盒是一个**长方体**。

数数纸巾盒有几个面？对，有6个，并且它还有8个顶点和12条棱。

拓展

找一支笔和一张纸，再找个人帮你计时。绕你家房子走一圈，写下你5分钟内看到的所有长方体。

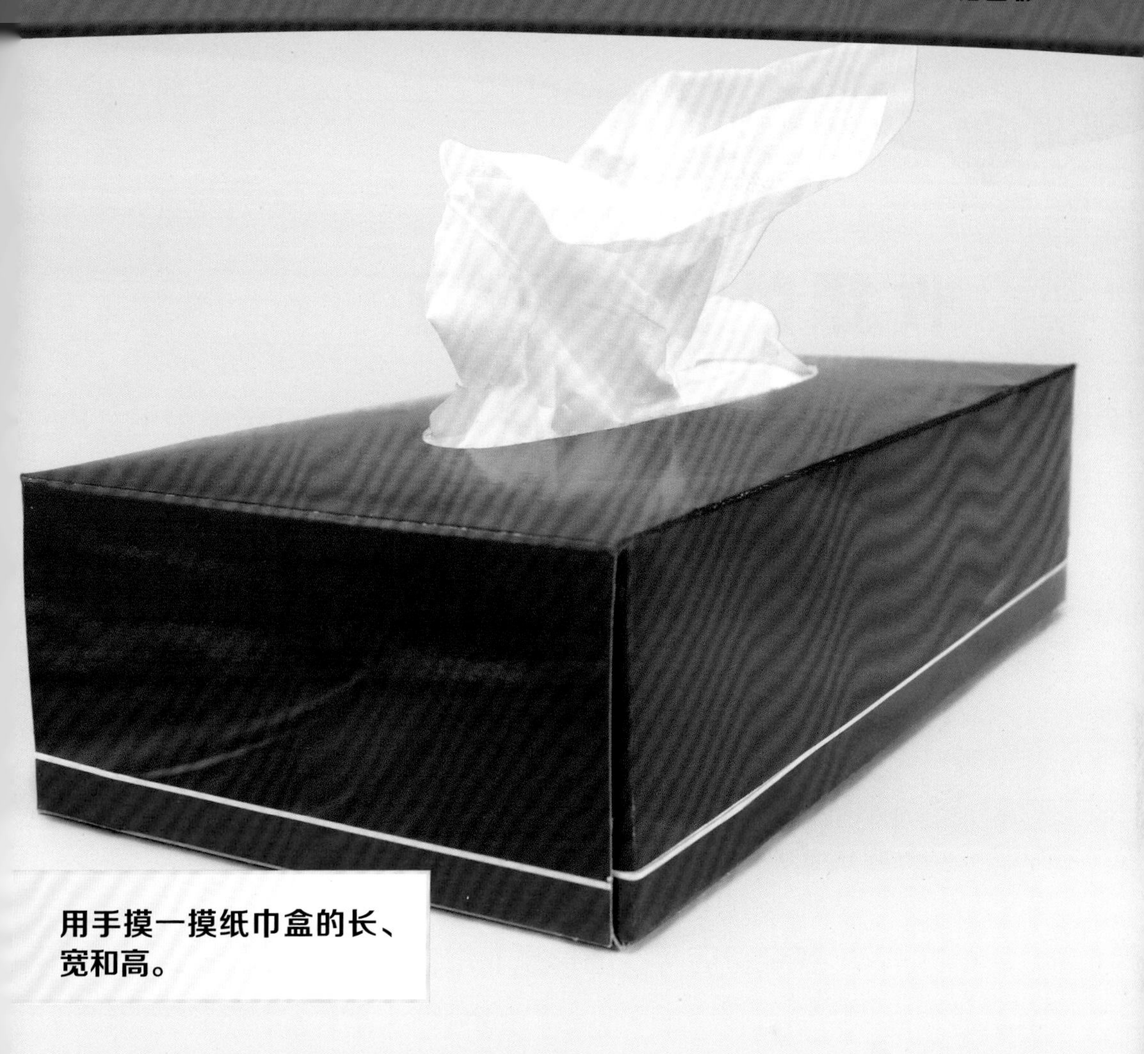

用手摸一摸纸巾盒的长、宽和高。

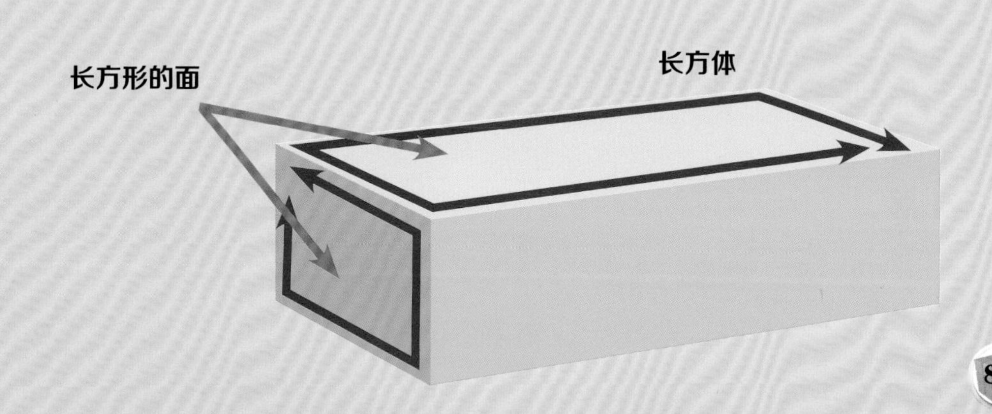

收银处的三棱柱

在收银处，贾斯汀和妈妈把商品放在传输带上。传输带带动商品往前移动。传输带上放着一根条状物，它可以把他们要买的商品和其他顾客要买的商品分隔开。这根条状物也是一种棱柱。

它的两端各有一个三角形，它被称作**三棱柱**。

这种棱柱有5个面，其中2个面是三角形，另外3个面是长方形，它还有6个顶点。

在杂货店寻找图形是非常有趣的！现在该回家了。

拓展

回到家，贾斯汀帮忙打开袋子，把商品取了出来。来找一找刚学过的三维图形吧！

长方形的面
三角形的面
三棱柱
传输带上的每件物品都由图形组成。
三棱柱

术语

底面（base） 图形底部的面。

圆锥体（cone） 底面是圆形，顶部有一个顶点的立体图形。

正方体（cube） 6个大小相等的正方形所围成的立体图形，有12条棱和8个顶点。

圆柱体（cylinder） 两个平行且相等的圆形，由一个与两个圆形垂直的曲面连接，这3个面围成的立体图形就是圆柱体。

维度（dimension） 可度量的不同方面，例如长、宽和高。

棱（edge） 两个表面相连接的线。

相等的（equal） 大小、尺寸或总量相同。

面（face） 在本书中，面指的是立体图形的平面部分。

测量（measure） 得出事物的大小或总量，例如事物有多高、有多长或有多重。

平面（plane） 平的表面。

棱锥（pyramid） 侧面是三角形，底面是正方形或三角形等的立体图形。

长方体（rectangular prism） 由6个面组成的，相对的面面积相等（其中可能有两个正方形也可能都是长方形）的直四棱柱。

三棱柱（triangular prism） 由两个相等且平行的三角形，与连接这两个三角形的3个长方形所围成的立体图形。

球体（sphere） 一个半圆绕直径所在直线旋转一周而成的曲面所围成的立体图形。

立体图形（solid） 有长、宽和高的图形。

顶点（vertex） 角的两条边的交点；锥体的尖顶。

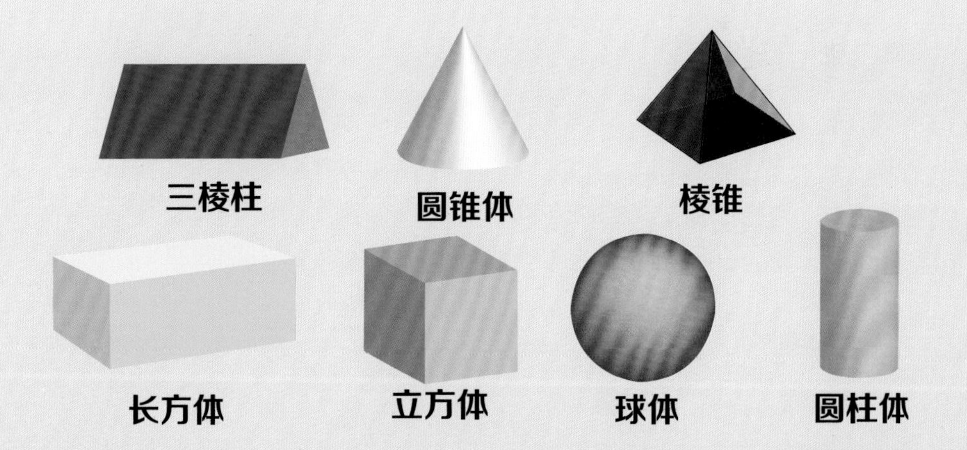